BEI GRIN MACHT SICH IHR WISSEN BEZAHLT

- Wir veröffentlichen Ihre Hausarbeit,
  Bachelor- und Masterarbeit

- Ihr eigenes eBook und Buch -
  weltweit in allen wichtigen Shops

- Verdienen Sie an jedem Verkauf

Jetzt bei www.GRIN.com hochladen
und kostenlos publizieren

GRIN ☺

David Franz Erich Krzysanowski

Die Maori in Neuseeland. Geschichte, Konflikte, Diskriminierung

GRIN Verlag

Bibliografische Information der Deutschen Nationalbibliothek:

Die Deutsche Bibliothek verzeichnet diese Publikation in der Deutschen National-
bibliografie; detaillierte bibliografische Daten sind im Internet über http://dnb.d-
nb.de/ abrufbar.

Impressum:

Copyright © 2004 GRIN Verlag GmbH
Druck und Bindung: Books on Demand GmbH, Norderstedt Germany
ISBN: 978-3-638-65437-1

Dieses Buch bei GRIN:

http://www.grin.com/de/e-book/38266/die-maori-in-neuseeland-geschichte-konflikte-
diskriminierung

GRIN - Your knowledge has value

Der GRIN Verlag publiziert seit 1998 wissenschaftliche Arbeiten von Studenten, Hochschullehrern und anderen Akademikern als eBook und gedrucktes Buch. Die Verlagswebsite www.grin.com ist die ideale Plattform zur Veröffentlichung von Hausarbeiten, Abschlussarbeiten, wissenschaftlichen Aufsätzen, Dissertationen und Fachbüchern.

Besuchen Sie uns im Internet:

http://www.grin.com/

http://www.facebook.com/grincom

http://www.twitter.com/grin_com

Die Maori in Neuseeland

Abb. 1: Maori mit traditioneller Gesichtsbemalung
Quelle: Onlineausgabe des Honolulu Star-Bulletin 4/5/97

Geographisches Institut der Georg-August-Universität Göttingen

Abteilung für Kultur- und Sozialgeographie

Forschungsseminar: Minderheiten in aller Welt

vorgelegt von : David F.E. Krzysanowski

Studiengang : Geographie, Dipl.

Abgabedatum : Oktober 2004

Inhaltsverzeichnis

1. Einführung

Neuseeland liegt im südwestlichen Pazifik, 1.600 Kilometer östlich von Australien. Die Nordinsel und die Südinsel mit einigen kleinerer Inseln umfassen eine Gesamtfläche von 268.021 km^2. Die Hauptstadt ist Wellington. Neuseeland ist eine parlamentarische Monarchie innerhalb des Commonwealth of Nations. Das Staatsoberhaupt ist die britische Monarchin, die durch einen Generalgouverneur vertreten wird. Das politische System und das Rechtssystem sind stark am britischen Vorbild orientiert.

Das Bevölkerungswachstum Neuseelands ist ein positives und beträgt heute knapp über 4 Millionen Menschen (NZ Official Yearbook, 2004). Großen Anteil daran haben die Maori, die autochthone Bevölkerung Neuseelands. Die Demographie verzeichnet seit Jahren eine hohe Geburtenrate bei den Maori.

Sie lebten lange Zeit isoliert, bis die Europäer in ihren Entdeckungsreisen Neuseeland fanden und für sich nutzbar machten. Es kam zu weit reichenden Auseinandersetzungen, in deren Verlauf das Volk der Maori über Jahrzehnte hinweg sichtlich benachteiligt und dezimiert wurde.

In der Ausarbeitung sollen unter anderem Fragen geklärt werden, wie es zum Konflikt mit den Weißen europäischer Abstammung (pakeha) gekommen ist und warum die Maoris vom „Cheaty of Waitangi" reden, wenn sie über den am weitest reichenden Vertrag in ihrer Historie sprechen. Hierzu ist es wichtig, die geschichtlichen Umstände zu beleuchten und die heutige Situation der Maori im Kontext dazu zu sehen. Weiterhin soll geklärt werden, inwieweit sich die Regierung bemüht, das entstandene Unrecht am Volk der Maori aufzuarbeiten und ob sich gegenwärtig die Lage, beispielsweise hinsichtlich der Diskriminierung oder der Bildungsdefizite, entspannt hat.

2. Traditionelle Lebensweise der Maori

Das Volk der Maori hatte und hat heute noch ihre ganz eigene Vorstellung vom Leben und ihrer Stellung in der von Göttern gegebenen Natur. Diese unterscheidet sich weitgehend von unseren europäischen Traditionen und unserer Lebensweise, so dass im Folgenden ein Überblick über einige ausgewählte Bereiche der Maori - Traditionen gegeben werden soll.

2.1. Religiöse Vorstellungen

Das Brauchtum der Maori in *Aotearoa* (Maori für Neuseeland: Land der langen, weißen Wolke) ist nicht vergleichbar mit unserer christlichen Welt des Okzidents. Die Maori glauben an die Ahnen, sie verehren ihre Vorfahren (Genealogie = *Whakapapa*) und sie haben nicht einen Gott, sondern 70 (z.b.: Tumatauenga – Gott des Krieges; Tane – Gott der Männlichkeit und der Wälder; Tawhiri Matea – Gott des Windes, Tangaroa - Gott des Meeres, usw.). Ihre Vorfahren lebten in Hawaiiki, dem mythischen Ahnenland der Maori. Im Folgenden soll ein Überblick über die Mythologie und die traditionelle Lebensweise der Maori verschafft werden.

2.1.1. Das Wesen des *tapu* und *mana*

Im Glauben der Maori spielt *tapu* die wesentliche Rolle. *tapu* ist die stärkste Kraft im Leben eines Maori. Der Begriff ist schlecht in einen abstrakten Terminus zu übersetzen aber man kann ihn umschreiben: „*Tapu*" kann als „heilig" interpretiert oder als „spirituelle Restriktion" beziehungsweise „stillschweigendes Verbot" definiert werden. Eine Person, ein Gegenstand oder ein Gebiet, welches unter „*tapu*" steht, darf nicht berührt beziehungsweise betreten werden. Manchmal darf man sich nicht einmal nähern. Wird die Regel des „*tapu*" gebrochen, zieht derjenige den Zorn der Götter auf sich. In Europa stammt das Wort *Tabu* von *tapu* ab und es hat in etwa die gleiche Bedeutung. Ausgenommen von Priestern (*tohunga*) durfte niemand Gegenstände mit „*tapu*" berühren.

1772 kreuzte der französische Entdecker und Kommandant zweier Schiffe – *Marc-Joseph Marion du Fresne* – die Gewässer um Neuseeland und freundete sich mit den Maori an. *Du Fresne* kam in einen schweren Sturm infolgedessen seine beiden Schiffe beschädigt wurden. Um Reparaturen durchzuführen und um Trinkwasser aufzunehmen, ankerten die Franzosen in der Bay of Islands. Bei den Arbeiten wurden sie von den Maoris großzügig unterstützt. Während dieser Zeit unternahm *du Fresne* einige Ausflüge auf die Insel und etablierte eine herzliche Freundschaft mit den Maori.

Offensichtlich verstanden die Franzosen das Wesen des „*tapu*" nicht vollständig. Bei einem ihrer Ausflüge gingen dreizehn von ihnen, trotz Warnungen der Maori, in der Manawaora Bay fischen. Wochen vorher ertranken an dieser Stelle einige Mitglieder des Maori Stammes und seidem war diese Bucht „*tapu*" und es war extrem verboten, dieses Gebiet zu betreten. Der lokale Maori Stamm erfuhr von diesem schwerwiegenden Bruch der spirituellen Regeln und durch den Zorn der Götter gelenkt griffen einige Hundert Maori Krieger den Kommandanten *du Fresne* und seine Männer an und töteten sie.

Die Maori glauben, dass der Gott *Tane* - Repräsentant der Sonne und des Lichts und der männlichen Fruchtbarkeit, Gott des Waldes und der (Holz-) Handwerker - der Menschheit zu Beginn drei Körbe mit Wissen anbot ("*Nga Kete-o-te-Wananga*). Die Körbe beinhalteten Erzählungen über die Schöpfungsgeschichte, Spiritualität usw. Alle lebenden Wesen stammen demnach von den Göttern ab und verkörpern bestimmte Dinge in der Natur wie beispielsweise Berge, Flüsse oder Seen. Jeder Berg, jeder Bach und jeder Baum hat den Maori zufolge eine Seele – die *wairua*. Aufgrund dessen haben die Maori eine äußerst feste Bindung zum Land und zur Natur. Diese Verbindung zum Land ist auch entscheidend für die Konflikte im 19. und 20. Jahrhundert mit den Kolonisten gewesen und darauf soll unten noch näher eingegangen werden.

Die meisten Dinge beinhalten spirituelle Essenz – das *mana*. *Mana* ist in den Menschen selbst, in von ihnen hergestellten Objekten, in der Natur und im Land. Für die Maori hat das Konzept des *Mana* eine zentrale Bedeutung: *Mana* erhält man, wenn man außergewöhnliche Dinge vollbringt. Der Erfolg verleiht einem Maori mehr *Mana* und somit auch Ansehen, Respekt und Einfluss. Abhängig von der Geschicklichkeit der Person kann es wachsen aber auch verkümmern. *Mana* wird im Allgemeinen vererbt aber es kann auch durch bestimmte Rituale verliehen werden. *Mana* ist der Treibstoff des Lebens (Kreisel 2004; S. 51 – 55).

2.1.2. Ta moko – Tatauierung

Ta moko ist ein Verfahren des Hautschmucks und eine höchst heilige Zeremonie des Tätowierens. Die Empfänger waren alle wichtigen oder höherrangigen Personen eines Stammes, wie z.B. der Stammesführer oder die Krieger sowie Frauen, welche allerdings lediglich die Lippe, das Kinn und manchmal die Nasenflügel verziert bekommen durften.

Abb. 2: Das traditionelle *moko*
Das ursprüngliche Verfahren des Tätowierens
war äußerst schmerzhaft

Quelle: http://www.nzedge.com (Zugriff am 10.06.2004)

Ta moko erzählt die Geschichte des Menschen und wichtige Passagen seines Lebens und ist ein Unikat. Außerdem sollte es die männlichen Stammesmitglieder attraktiver für Frauen machen. Am heiligsten eines Körpers wurde bei den Maori der Kopf angesehen, deshalb wird traditionell dort tätowiert und der Tätowierer (*tohunga-ta-oko*) war dadurch, dass der Vorgang Blut forderte, *tapu*. Ursprünglich wurde mit einem spitzen Meißel aus Knochen gearbeitet. Ein guter Tätowierer berücksichtigte die Knochenstruktur des Schädels und passte das Bild der Kopfform an. Im Laufe der Prozedur, welche mitunter Jahre dauerte, ritzte der Tätowierer die Haut des Empfängers an und träufelte eine aus Pflanzen gewonnene Flüssigkeit in die Wunde. Die Zeremonie wurde durch Flötenspiel begleitet und die geschwollene Haut mit dem einheimischen Karaka Baum bedeckt, um den Heilungsprozess zu beschleunigen.

2.2. Traditionelle Sozialstruktur und Siedlungen der Maori

Die Maori identifizieren sich in erster Linie mit ihrem jeweiligen Stamm und erst danach mit der Gesamtgruppe der Maori. Die Maori-Siedlungen (*kainga*) hatten unterschiedliche Größen – meist handelte es sich dabei um einen 20 bis 1000 Einwohner zählenden Sippenverband, welcher durch einen Häuptling geführt wurde (Kreisel 1992, S.195). Die Maori legten feste Siedlungen an, welche sich vorwiegend auf der Nordinsel Neuseelands befanden (Bay of Plenty, Waikato Tiefland, Taranaki Küste) (Kreisel 1992, S. 196). Ansehen, Erfolg, Einfluss und Autorität wurden durch das Prinzip des „*mana*" geregelt. Die Mitglied des Stammes mit dem meisten *mana* standen in der sozialen Schichtung höher (*arii*) als Mitglieder mit wenig *mana* (*iatoai*).

Die Maori trennten die Gebäude ihrer Siedlung nach Funktion: Es gab Schlafhäuser, das Versammlungshaus (*whare runanga*; s.u.), einige Vorratshäuser (*patakas*; s. links) und Kochstellen. Zusätzlich spielt die Genealogie eine zentrale Rolle, denn die Ahnenreihe wird innerhalb eines Stammes

Abb. 3: Reich verziertes Vorratshaus, „pataka"
Quelle: Kreisel, W. (2004); Die pazifische Inselwelt– Eine Länderkunde, S. 123

über viele Generationen hinweg überliefert, was zum Beispiel auch in der Architektur des Versammlungshauses eingang findet (Kreisel 1992, S. 196). Im folgenden Abschnitt soll diese einzigartige Bauweise des Versammlungshauses erläutert werden.

2.2.1. Whare runanga mit Marae – Mittelpunkt der Gesellschaft

Die traditionellen Versammlungshäuser (*whare runanga*) mit dem angeschlossenen Versammlungsplatz (*marae*) davor zeugen mit ihrer Architektur von Verehrungen der Vorfahren. Das *whare runanga* hat traditionell ein reich verziertes Dach und einen Giebelfirst, in welchen der Name des Stammes eingraviert ist. Der First soll hierbei den Rücken der Ahnen symbolisieren und die Seitenteile des verzierten Daches die beiden Arme. Im Falle einer Versammlung sollen sich die Stammesmitglieder im Schoß der Ahnen geborgen fühlen. Das Versammlungshaus ist gleichzeitig der Ort mit der größten Spiritualität, dem größten *mana*. Die Abbildung zeigt das *whare runanga* in Waitangi. Es wurde 1940 anlässlich der Unterzeichnung des Vertrages von Waitangi vor 100 Jahren erbaut.

Abb. 4: Traditionelles Versammlungshaus der Maori (hier: in Waitangi)

Quelle: University of Delaware (URL: http://www.ud-el.edu/communication/new_zealand/Home.html)

Der *marae* ist ebenso ein heiliger Ort und Treffpunkt der Maori. Hier spielt sich das traditionelle Leben der Gemeinschaft ab, hier werden Wiedersehensfeiern, Feste, Hochzeiten und Beerdigungen abgehalten. Man kann den *marae* als Siedlungszentrum des Stammes betrachten.

2.2.2. Die traditionelle Landwirtschaft

Wie alle pazifischen Inseln war auch die Landwirtschaft der Maori auf die Subsistenzsicherung ausgerichtet. Die Maori waren in der Kultivierung des Landes sehr versiert und sie verfügten über ein hohes Maß an Know-how in Bezug auf Lager- und Konservierungstechniken sowie Methoden der Düngung. Angebaut wurden Süßkartoffeln, Taro und Yams. Durch das System des „*tapu*" wurde sehr gewissenhaft mit den natürlichen Ressourcen umgegangen. Es regelte die Saat- und Erntezeiten der Kulturpflanzen und schützte die Felder während der Wachstumsperiode (Kreisel 1992, S. 196). Weiterhin wurden bedingt Haustiere gehalten, die auch als Tausch- bzw. Opfertiere genutzt wurden. Der Fischfang spielte als Eiweißquelle eine zentrale Rolle und war bei den Maoris ebenfalls sehr durchdacht.

In besonders fruchtbaren Regionen (Waikato, Bay of Plenty, Auckland-Isthmus) kam es durch den Bevölkerungsdruck zu Auseinandersetzung unter einzelnen Maori Stämmen über das Land. Man errichtete befestigte Siedlungen (*pa*), was im gesamten pazifischen Raum seinerzeit einmalig war.

3. Historische Übersicht

Um die eingangs gestellten Fragen zu beantworten und auf die heutige Situation der Maori einzugehen, muss zunächst auf die Besiedlung Neuseelands und die Entwicklung der Situation der Autochthonen bezüglich der eintreffenden weißen Europäern erläutert werden. Die Kolonisation warf für beide Völker viele Probleme auf, welche durch große kulturelle Klüfte und mangelnde Toleranz seitens der pakeha bedingt waren. In den folgenden Abschnitten sollen ein geschichtlicher Abriss und die Unstimmigkeiten zwischen beiden Völkern historisch betrachtet und verdeutlicht werden.

3.1. Die Besiedlung Neuseelands

Es gibt heute keine eindeutige Erklärung für den Besiedlungsvorgang Ozeaniens, wohl aber Theorien (vgl. Kreisel, W.; 2004, S. 75 – 96) auf die im Rahmen dieser Arbeit nicht näher eingegangen werden soll. Aufgrund von z. B. sprachwissenschaftlichen und archäologischen Hinweisen konnte man Rückschlüsse auf die Wanderungsbewegung der pazifischen Bevölkerung ziehen. Das gängigste Modell der Besiedlung (Gierloff-Emden 1979, Brockway 1983, s.u.) geht davon aus, dass der Ursprung in Neuguinea bzw. Südostasien zu finden ist. Diesem entgegen steht das Modell von *Heyerdahl*, der behauptet, dass die pazifischen Inseln von A-merika aus besiedelt wurden. Seine Erkenntnisse z.b. in der Archäologie und der Ethnobotanik schienen seine Theorie zu stützen, allerdings kritisierten Wissenschaftler zeitliche Differenzen (Suggs, 1970). Deshalb soll im Folgenden die gängige Lehrmeinung zugrunde gelegt werden.

Vor ca. 4000 Jahren wanderten aus der südostasiatischen Region Menschen in den Raum Fiji, Samoa und Tonga. In einer weiteren Migrationswelle besiedelten sie den Raum um die Cook-Inseln, Marquesas und Gesellschaftsinseln. Von dort aus wurde um 800 n. Chr. Neuseeland und das gesamte polynesische Dreieck (Neuseeland, Hawaîi, Osterinsel) bevölkert.

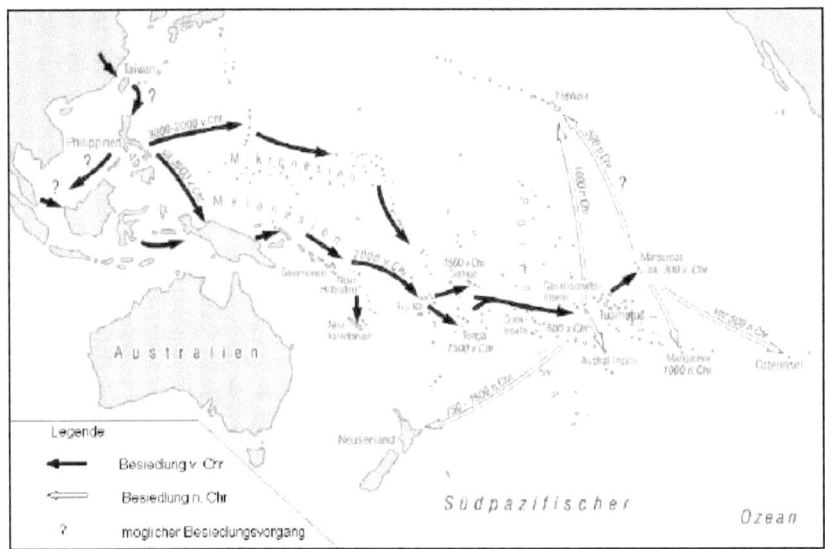

Abb. 5: Vermutliche Besiedlungswege der pazifischen Inselwelt
Quelle: nach Gierloff-Emden (1979), Brockway (1983), verändert

Die ersten Siedler in Neuseeland waren nicht die Maori, sondern so genannte Moajäger. Sie jagten einen flugunfähigen, straußenähnlichen und mittlerweile ausgestorbenen Vogel – den Moa, welcher ihre Nahrungsgrundlage darstellte. Sie rodeten mithilfe des Feuers große Waldflächen, um den Moa effektiver zu jagen. Als Konsequenz der permanenten Jagd legten die Moajäger lediglich temporäre Siedlungen an (Oliver, 1981, S. 3 – 28).

Zwischen 1100 und 1500 siedelte schließlich das Volk der Maori in Neuseeland in mehreren Migrationsschüben. Dabei wird die größte Einwanderungswelle um 1350 n. Chr. angesetzt (Kreisel, 1992, S.192). Die Maori verfügten über brillante Navigatoren und perfekte Schiff-

9

bauer und sie erreichten Neuseeland wahrscheinlich nicht zufällig sondern gewollt, denn sie hatten Kulturpflanzen an Bord, was auf ein neues Siedlungsziel hindeutete. Sie verfügten über hochseetüchtige Doppelrumpfboote (*pahi*) komplett mit Segel und Paddel, welche bis zu 30 Meter lang waren und ca. 80 Mann Besatzung fassten. Die Konstruktion der *pahi* hinsichtlich ihrer Größe läßt darauf schließen, dass die Auswanderung der Maori geplant war.

Die Maori lebten ungestört und unbeeinflusst größtenteils auf der Nordinsel Neuseelands, bis am 13. Dezember 1642 ein holländischer Entdeckungsreisender die Westküste der Südinsel erspähte. Der damals 39-jährige Abel Janzoon Tasman gab der Insel den Namen „Staten Landt". Allerdings betrat er nie die Inseln. Einige seiner Besatzungsmitglieder wurden kurz vor der Küste von bis zu 22 einheimischen Kanus (*waka*) abgefangen und gerammt. Dabei fanden vier Männer den Tod. Entsetzt lichtete er die Anker und segelte entlang der Westküsten der beiden Inseln um dann wieder in die Heimat zurückzukehren. Dort verkündete er die Nachricht, dass Staten Landt (später: Nieuw Zeeland) ein vollkommen unattraktives Land sei. Die Europäer verloren daraufhin das Interesse und es vergingen 127 Jahre, bis die Maori erneut mit Europäern in Kontakt traten.

3.2. Der erste Austausch mit den pakeha

Am 6. Oktober 1769 erblickte der Mastjunge der HMS Endeavour die Küstenlinie Neuseelands. Der Engländer Kapitän James Cook und seine Mannschaft ankerten am 8. Oktober in der heutigen Poverty Bay. Das erste Treffen endete mit dem Tod von einigen Maori, denn beide Seiten waren außerstande die Sprache und Kultur des anderen zu verstehen. Die Ankunft Cooks war für die Maori eine Art Offenbarung, wurden sie doch plötzlich mit neuen Technologien bekannt gemacht und mit einem völlig unterschiedlichen Lebensstil konfrontiert. Allein die Einführung der gewöhnlichen Kartoffel änderte ihr Leben schlagartig. Anders als die *kumara*, die Süßkartoffel, wuchs die gewöhnliche Kartoffel fast überall, benötigte kaum Pflege und keine religiösen Rituale, um in ausreichendem Maße zu gedeihen (Mikaere in: Jäcksch, 2000, S. 22).

Der Kontakt mit der westlichen Welt erzeugte bei den Maori Hunger nach Neuem. Gewöhnliche Nägel wurden zu wertvollen Handelsobjekten, denn sie waren vielseitig einsetzbar. Rund 25 Jahre nach Cooks Ankunft entdeckten auch die Wal- und Robbenfänger die Küsten Neuseelands für sich. Walfänger aus England, Frankreich und den USA versorgten sich mit Wasser, Holz aber auch Frauen zu ihrer Unterhaltung für die langen Verfolgungsfahrten. Robbenfänger fanden im Süden Kolonien, die sie alsbald auslöschten.

Aber das Zusammentreffen mit Neuem brachte nicht nur Vorteile mit sich: Die Maori besaßen gegen viele eingeschleppte Krankheiten keine Abwehrstoffe. Erkrankungen wie Grippe oder Masern, Tuberkulose oder Syphilis wurden in die Gesellschaft getragen und dezimierten die Population der Maori. Die größten Schäden verursachte aber das Gewehr. Alte Rivalitäten unter den Stämmen flammten wieder auf und kriegerische Auseinandersetzungen verursachten Blutbäder unter den Maori.

Die schreckliche Zeit der Gemetzel war erst vorbei, als alle Stämme die gleiche Bewaffnung hatten und ganze Landstriche durch die Kriege entvölkert waren. Hilfreich war auch die Einführung einer neuen Philosophie, das Christentum.

3.3. Kolonisation Neuseelands durch Europäer

Die ersten Missionare der Anglikanischen Kirche erreichten Neuseeland um 1814 und errichteten die ersten Stationen im Norden des Landes. Anfänglich war das Bemühen der Missionare, den Maori ihre Kirchengesänge näher zu bringen, von wenig Erfolg gekrönt. Als sich die Kontakte mit der westlichen Welt vertieften, wuchs bei den Maori das Bewusstsein, dass diese Welt große Macht besaß. In den 30er Jahren des 19. Jahrhunderts konvertierten viele wichtige Häuptlinge zum Christentum.

Durch herumziehende Strafgefangene aus Australien und Walfänger machte sich Gesetzlosigkeit im Lande breit. Die Missionare erkannten die Situation und erklärten den Maori, dass Gesetz und Ordnung Stabilität und Frieden bringen würde. Außerdem sollte eine eigene Regierung gebildet werden, welche den Anspruch Englands auf Neuseelands Annexion rechtlich absicherte. Durch die Zuwanderung vieler Europäer wurde rasch Land knapp. Besonders die fruchtbaren Gebiete waren sehr begehrt und waren Grundlage für erhebliche Streitigkeiten. 1837 wurde in London die New Zealand Company gegründet, um in Großbritannien für die neue Kolonie Neuseeland zu werben. 1839 nahm die New Zealand Company ihre Arbeit im Pazifik mit zwielichtigen Methoden auf und verschärfte den Konflikt weiter. Die Gesellschaft tolerierte nicht den kollektiven Landbesitz der Maori und veräußerte Land an weiße Siedler, welches, wenn überhaupt, lediglich mit *einem* Mitglied eines Stammes abgesprochen war.

3.4. Der Vertrag von Waitangi

Als immer mehr Siedler und Spekulanten eigenständig mit den Maori um Land verhandelten, entschloss sich die Krone, einzugreifen. 1839 sandte man Kapitän William Hobson in den

Pazifik, um für Neuseeland unter der Krone Eigenständigkeit zu erreichen. Seine Aufgabe war es, *offen* mit den Maori zu verhandeln, um einen Vertrag mit den Maori-Häuptlingen aufzusetzen, welcher Neuseeland zu einer britischen Kolonie werden läßt und den Maori besonderen Schutz garantiert (Gilling in: Jäcksch, 2000, S. 35 – 55).

Als Hobson am 29. Januar 1840 die Bay of Islands erreichte, kündigte er an, alle bisher getätigten Landgeschäfte zu untersuchen Später wollte er zu einem Treffen mit allen wichtigen Maori Häuptlingen aufrufen, um einen bereits ausgearbeiteten Vertrag vorzustellen. Am Abend des 4. Februar 1840 legte er den Text dem Missionar Reverent Henry Williams vor, um ihn in die Maori Sprache übersetzten zu lassen. Das Problem hierbei waren bestimmte Begriffe und Wendungen, welche in Maori überhaupt nicht existieren.

Die große Versammlung fand am 5. Februar 1840 in Waitangi statt. Mehr als 200 Maori waren anwesend und viele Siedler, Missionare, Beobachter und die gesamte offizielle Abordnung der Krone. Hobson hielt seine Ansprache in Englisch und Reverent Williams übersetzte. Während der anschließenden Debatte beschrieb Hobson den Vertrag als Glücksfall, denn er sollte das Eigentum der Maori und ihre Rechte gegenüber anderen Siedlern und auch anderen möglichen Eroberern – wie den Franzosen – sichern. Daraufhin berieten sich die Maori Häuptlinge fünf Stunden lang und nach einer diskutierten Nacht kamen sie zu einer Lösung.

Am Morgen des 6. Februar 1840 entschieden sich die Häuptlinge, den Vertrag umgehend zu unterschreiben. Man war sich einig, dass die offensichtlich vorhandenen Probleme schnellstmöglich gelöst werden müssten und der Vertrag eine gesetzliche Basis für ein friedliches Zusammenleben darstellte.

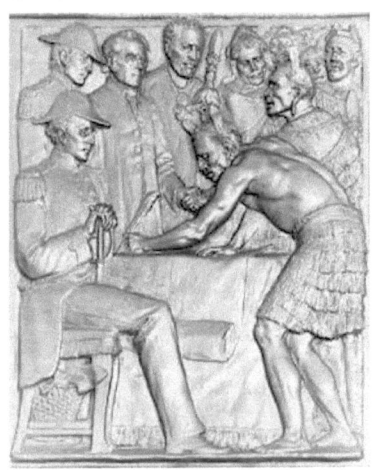

Abb. 6: Bronzetafel als Erinnerung an die Unterzeichnung des Vertrages von Waitangi

Quelle: Key-Light Image Library/Alexander Tumball Library
in: Encarta Encyclopaedia 2004

In den folgenden Monaten sammelte William Hobson in Begleitung einiger Missionare weitere Unterschriften, um die britische Souveränität zu legitimieren. Es wurden mehrere Kopien des Vertrages in Englisch und Maori verteilt, wobei die meisten Maori das übersetzte Exemplar unterzeichneten.

Am 21. Mai 1840 wurde von Hobson aufgrund des Vertrages die die britische Souveränität über die Nordinsel Neuseeland verkündet. Die Südinsel nahm Großbritannien aufgrund der Erstentdeckung durch Cook, ohne Vertrag mit der Maori-Bevölkerung, in Besitz. Hauptstadt wurde zunächst Auckland, ab 1865 dann Wellington.

Die Unterschriftensammlung wurde noch bis September 1840 weitergeführt, bis dahin hatten ca. 500 Häuptlinge unterzeichnet. Allerdings konnten lediglich 72 der 500 Häuptlinge lesen und schreiben und mussten sich somit auf die Ausführungen der Missionare verlassen. Beinahe sofort nach der Unterzeichnung des Vertrages kam es zu Unstimmigkeiten, welche aus folgenden Umständen resultierten:

- es waren unzählige Verträge in Umlauf, welche durch verschiedene Übersetzungen unterschiedliche Bedeutungsschwerpunkte aufwiesen
- die Regierung entschied, lediglich die englische Version des Vertrages zu autorisieren
- die Erläuterungen und Ergänzungen in der Diskussionsnacht zum 6. Februar wurden von offizieller Seite nicht festgehalten
- viele Häuptlinge wurden mit Tabak und anderen Gütern bestochen, ihre Unterschrift unter den Vertrag zu setzten

Die weiter zunehmende Zahl der einwandernden Siedler - 1851 lebten bereits 26.000 britische Siedler in Neuseeland - verlangte nach Land und die Maori waren nicht mehr gewillt, es zu verkaufen.

3.5. Land Wars - Die Neuseeländischen Kriege

Mit der Regierung unzufriedene Siedler bezeichneten den Vertrag von Waitangi als „wertbses Dokument" und die daraus resultierenden Spannungen mündeten Mitte der 40er Jahre des 18. Jahrhunderts drei Jahre lang in offene Kämpfe. Ungeachtet dessen eignete sich die New Zealand Company weiter unrechtmäßig Land der Maori an und verschärfte den Konflikt noch. In Übereinstimmung mit ihrem Verständnis von „tino rangatiratanga", dem im Vertrag von Waitangi zugesicherten Recht auf Selbstbestimmung, wählten die Maori 1858 den ersten Maori-König, Te Wherowhero (Potatau). Die Behörden wollten allerdings nicht eine weitere Regierungsform neben der Krone akzeptieren. Diese Wahl wurde somit als Herausforderung der Königin angesehen und war ein weiterer Grund für die 1860 ausbrechenden Kriegshandlungen. Die Tatsache, dass viele Maori ihren Landbesitz unter die Obhut des neuen Königs Potatau stellten und somit den Siedlern den Zugriff darauf erschwerten, war sicher ein weiterer Anlass. Weiterhin erließ die Regierung neue Gesetze in den 1860er Jahren, welche den Vertrag von Waitangi unterliefen. Der „New Zealand Settlements Act" und der "Suppression of Rebellion Act" legten die Strafkonfiszierung von so genanntem Rebellenland durch die Regierung fest. Entgegenkommende Schritte, wie zum Beispiel das Zugeständnis von vier Parlamentssitzen im Unterhaus (5% der Sitze) blieben die Ausnahme.

Der Widerstand der Maori gegen die Inbesitznahme von Land durch die Regierung, die Siedler und die Vorherrschaft der Britischen Regierung wurde nach sechs Jahren gebrochen. Weite Teile des Landes wurden als Strafe konfisziert – insgesamt 1,32 Mio. ha. Die Kampfhandlungen dauerten vereinzelt bis 1872 an.

In der Folgezeit lebten die Maori in ärmlichen Verhältnissen auf dem Land, wo sie kaum in Kontakt mit Europäern traten. Die schlechte Situation spiegelte sich auch in der Populationsentwicklung wider: Während Anfang des 19. Jahrhunderts noch um die 160.000 Maori lebten, erreichte ihr Volk 1896 mit lediglich 42.000 Maori seinen Tiefpunkt. Gründe für die Dezimierung waren vor allem die eingeschleppten Krankheiten, Kriege und die ärmlichen Lebensverhältnisse.

3.6. Revival der Maori-Kultur und Tradition

Die Maori ergaben sich aber nicht ihrem Schicksal. Einige wenige Maori studierten mittlerweile im Ausland und setzten sich mit der Gesetzgebung und Struktur des Commonwealth auseinander. Bedeutende Persönlichkeiten der Maori bemühten sich, die Situation aus eigener Kraft zu verbessern. Es wurde die Young Maori Party gegründet, welche sich für Verbesserungen im Gesundheitswesen und auch für landwirtschaftliche Reformen einsetzte (Kreisel, 2004, S. 141). Viele Maori sahen in dem Bestreben der politisch Aktiven ein Wiedererstarken ihrer Traditionen und Kultur. Traditionelle Bräuche wie z.B. Lyrik, Gesänge, das Schnitzhandwerk und Tänze erlebten ein Revival.

Die Aktionen konnten die schlechte Situation der Maori verbessern, trotzdem stand die neuseeländische Politik nach wie vor im Zeichen der Assimilation. Man war der Meinung – auch

Maori-Vertreter-, dass dies die einzige Möglichkeit sei, ein vernünftiges Zusammenleben beider Bevölkerungsgruppen langfristig zu gewährleisten (Kreisel, 1992, S.202).

3.6.1. Die Ratana - Bewegung

Eine religiöse Maori Bewegung wurde im November 1918 von *Tahupotiki Wiremu Ratana* gegründet. Ratana wurde national bekannt als eine Art Heilsbringer durch den Glauben. Er predigte den Glauben an Gott und lehnte das Priestertum der Maori ab. Der Glaube als eine wichtige Heilungskraft ist ein traditionelles Element der Maori und wurde von der Ratana – Kirche aufgegriffen. Weiterhin verurteilte er mehrere Bräuche und Traditionen der Maori wie z.B. die Schnitzerei und das *Tapu – Wesen*. Die Ratifizierung des Vertrages von Waitangi war ebenfalls Inhalt seiner Predigten (King, 1981, S. 290-301).

1922 wurde ein politischer Arm der Ratana - Bewegung etabliert, welcher Mitte der 30er Jahre ein Bündnis mit der Labour Party einging. Durch ein Arrangement mit der Labour Party erhielten die Ratana/Labour Kandidaten alle vier Sitze der Maori im Parlament. Diese vier versuchten unter anderem den Jahrestag der Unterzeichnung des Waitangi Vertrages als Feiertag durchzusetzen. Durch den Wahlsieg der Labour Party 1957 konnte der Waitangi Day Act 1960 verabschiedet werden, welcher den Waitangi Day erschuf. Ein nationaler Feiertag wurde es aber nicht.

Diese religiöse Richtung mit ihrer Kombination aus christlichen und traditionellen Bräuchen half den Maori, ihre Identität zu stärken und ihre Forderungen organisierter hervorzubringen.

3.6.2. Proteste

In der Folgezeit migrierten viele Maori in die Städte. Die im ländlichen Raum charakteristische Lebensweise war in der Stadt aber nur bedingt möglich. Die Umstellung war sehr groß und die Sprache der Maori drohte verloren zu gehen (Kreisel, 2004, S. 142). Zudem verzeichneten die Maori seit den 60er Jahren hohe Geburtenraten und sinkende Kindersterblichkeit, woraus eine sehr junge Bevölkerung resultierte. Durch die Integrationsprobleme entstand eine Kluft zwischen Maori und pakeha hinsichtlich des allgemeinen Lebensstandards (ökonomisch als auch sozial). Viele Maori Familien waren aufgrund der hohen finanziellen Verpflichtungen außerstande, ihre vielköpfige Familie in der Stadt zu ernähren – Kriminalität war die Folge.

In den 70er Jahren änderte sich an der Diskrepanz nicht viel. Die alten Strukturen der Groß-familie (*whanau*) wurden immer weiter durch die Anpassung an den urbanen Lebensraum zurückgedrängt. Die schlechte soziale Gesamtsituation zusammen mit dem neuen Selbstbe-wusstsein führte Anfang der 70er Jahren zu massiven Protestbewegungen der Maori. Zu den Aktionen gehörten der alljährliche Marsch nach Waitangi, Landbesetzungen in Auckland oder Schülerdemonstrationen gegen einen eurozentrischen Unterricht. Besonders heftig waren die Demonstrationen in urbanen Räumen (z.B. Auckland) und wurde von Universitätsstudenten der Maori Departments unterstützt. Es wurden Proteststrategien übernommen, welche die Maori von anderen indigenen Völkern lernten, z.B. der Black Power Bewegung in den USA.

3.7. Das Waitangi Tribunal

Anfang 1975 wurde der Treaty of Waitangi Act verab-schiedet, welcher das Waitangi Tribunal ins Leben rief. Das Tribunal mit Sitz in der Hauptstadt Welling-ton sollte als ein permanenter Ausschuss fungieren, der sich den Ansprüchen der Maori widmet, die von der Krone missachtet wurden. Der Vertrag von Wai-tangi wurde unzählige Male gebrochen und den Maori zum Nachteil. Das Tribunal als eine Art Schiedsge-richt umfasst 16 Mitglieder, die vom Generalgouver-neur auf Empfehlung vom Minister of Maori Affairs ernennt werden.

Abb. 7: Logo des Waitagi Tribunals

Quelle: Website des Waitangi Tribunals (URL: http://www.waitangi-tribunal.govt.nz)

Der Vorsitzende und der Stellvertreter sind hauptberufliche Richter und die Mitglieder sind zur Hälfte Maori und pakeha. Das Waitangi Tribunal wird aktiv vom Justizministerium unter-stützt, welches bei der Verwaltung und Nachforschung hilft (Waitangi Tribunal; Introduction to the Waitangi Tribunal (2004); URL: http://www.waitangi-tribunal.govt.nz/about/waitangi tribunal).

Die Aufgabe des Waitangi Tribunals besteht darin, Ansprüche der Maori betreffend den Ver-trag von Waitangi zu prüfen und eingehend zu untersuchen sowie Empfehlungen auszuspre-chen. Die eigentliche Entscheidung trifft dann allerdings ein ordentliches Gericht (New Zea-land Official Yearbook, 2002, S. 127). Meistens wird jedoch der Empfehlung des Tribunals Folge geleistet. Ziel des Tribunals ist es, die Differenzen zwischen beiden Völkern endlich zu überbrücken, indem die Vergangenheit neu aufgearbeitet wird, um ein vollständiges Ver-ständnis hinsichtlich des Vorgefallenen zu erreichen. Wenn die Maori das Gefühl von Gerechtigkeit spüren, ist man dem Endziel einer Nation mit zwei sich respektierenden Völkern einen großen Schritt näher.

Der Gesetzestext wurde in den folgenden Jahren noch mehrfach modifiziert (1977, 1988, 1993). Im Jahre 1985 wurde der Treaty of Waitangi Act um die Möglichkeit ergänzt, Verstöße der Krone gegen den Vertrag von Waitangi bis 1840 zurück zu verfolgen. Damit war die Basis geschaffen, die gesamte Ungerechtigkeit seit der Unterzeichnung des Vertrages zu beleuchten. Dies bedeutete ein großes Entgegenkommen der Europäer gegenüber den Maori.

4. Gegenwärtige Situation der Maori

Aus historischer Sicht ist es wichtig, das Verständnis füreinander zu erweitern und eine Gleichberechtigung zu schaffen, um ein friedliches, interethnisches Klima untereinander zu garantieren. Ist es den verantwortlichen Institutionen gelungen, die Stellung der Maori in der neuseeländischen Gesellschaft zu stärken? Oder werden die Maori sich selbst überlassen, und ihre Bedürfnisse nicht wahrgenommen?

Im nachstehenden Text soll die gegenwärtige Situation der Maori in Neuseeland hinsichtlich ihrer demographischen Entwicklung, ihrer sozialen und wirtschaftlichen Lage sowie der Sprache untersucht und mit der restlichen Bevölkerung Neuseelands verglichen werden.

4.1. Demographie und Populationsstruktur

Die folgenden Daten basieren großenteils auf den aktuellsten statistischen Erhebungen des Department of Statistics, New Zealand (Zensus 1991 und 2001) und auf dem New Zealand Official Yearbook. Hiermit soll eine möglichst hohe Aktualität gewährleistet werden.

Heute leben ca. 4.060.000 Einwohner in Neuseeland. Die Wachstumsrate der Gesamtbevölkerung beträgt 1,09 %, die der Maori liegt bei 1,4 %. Es gibt vier ethnische Hauptgruppen, wobei die Europäer mit 2.869.000 Einwohnern die größte ethnische Gruppe darstellen. Die Maori sind mit 526.000 Einwohnern das zweitgrößte Volk in Neuseeland vor der Gruppe der Pazifischen Einwohner (Samoa, Tonga, Cook-Inseln, usw.) und den Asiaten (New Zealand Official Yearbook, 2002, S. 116). Die untenstehende Grafik verdeutlicht, dass die autochthone Bevölkerung Neuseelands obgleich höherer Geburtenraten immer noch einer großen Majorität der Europäer gegenüber steht.

Anteil der größten ethnischen Gruppen an der Gesamtbevölkerung in %

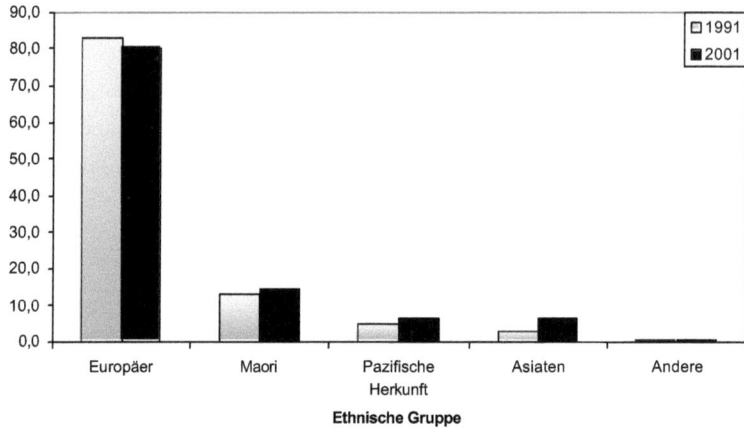

Abb. 8: Anteil der größten ethnischer Gruppen an der Gesamtbevölkerung

Quelle: Daten aus NZ Statistics, 2004 (URL: http://www.stats.govt.nz)

Neuseelands Bevölkerung ist ethnisch sehr gemischt. Die Maori sind zurzeit die zweitgrößte ethnische Gruppe in Neuseeland. Ihr Volk ist ein bedeutend Jüngeres gemessen am Rest der Gesamtbevölkerung, was die überdurchschnittlich hohen Geburtenraten begründen können. Seit dem Anfang der 60er Jahre verzeichnen die Maori zudem eine sinkende Kindersterblichkeit. Diese Jugendlichkeit wird von der Tatsache unterstrichen, dass 37,3 % der Maori Population unter 15 Jahren ist, verglichen mit 22,7 % der restlichen Bevölkerung Neuseelands.

Auf der anderen Seite sind lediglich 3,4 % der Maoris 65 Jahre und älter, während die restliche neuseeländische Bevölkerung in dieser Kategorie mit 12,1 % vertreten ist. Diese Unterschiede spiegeln zum einen die traditionell bedingte, höhere Geburtenrate und zum anderen die höhere Sterblichkeitsrate der Maori verglichen mit den restlichen Einwohnern Neuseeland wider. Damit weisen die Maori demographische Merkmale eines beliebigen Staates der dritten Welt auf.

Tab. 1: Vergleich der Alterstrukturen ethnischer Hauptgruppen in Neuseeland
(Zensus 2001)

Anteil in % an der Gesamtbevölkerung in Altergruppen

Alter (in Jahren)	Europäer	Maori	Pazifische Herkunft	Asiaten	Andere
0-4	6,8	12,8	14,1	7,7	10,0
5-14	14,7	24,5	24,7	15,9	19,7
15-24	12,4	17,4	17,8	21,5	18,3
25-34	13,5	15,1	15,4	15,9	17,6
35-44	15,4	13,5	12,4	17,9	17,5
45-54	13,6	8,5	7,8	11,4	9,8
55-64	9,7	4,8	4,4	5,6	4,1
65-74	7,4	2,5	2,3	2,9	2,0
75-84	4,9	0,7	0,8	0,9	0,8
85 und mehr	1,6	0,1	0,1	0,2	0,3
Total	100	100	100	100	100

Quelle: Daten aus NZ Official Yearbook 2002

Die geographische Verteilung der Maori ist seit der Besiedlung Neuseelands weitestgehend unverändert geblieben. Der Lebensraum der Maori befindet sich seit jeher im Norden des Landes, denn dort waren vor der Kolonisation durch die Europäer die fruchtbarsten Gebiete zu finden. Auch heute leben noch 87,6 % der Maori in den Regionen der nördlichen Insel, vor allem in Northland, Waikato, Auckland, Bay of Plenty. Vergleicht man den Zensus 1991 mit dem von 2001, dann stellt man fest, dass die Regionen der südlichen Insel einen stärkeren Wachstum verzeichnen (38,5 %), als die Nordinsel (18,9 %).

Ein weiterer Aspekt ist die Stadt – Land Verteilung. Die Migration der Maori in die Städte begann massiv Mitte des 20. Jahrhunderts einzusetzen, um den schlechten Lebensbedingungen auf dem Land zu entkommen. 1936 hatten nur elf Prozent der Maori in Städten gelebt; in den achtziger Jahren waren es mehr als 90 Prozent. Die Maori sahen, dass es unmöglich war, den stammesmäßigen Zusammenhalt auch in der Stadt weiter zu praktizieren. Jenes durch die Familie überlieferte Traditionsbewusstsein (Sprache, Riten) drohte dadurch verloren zu gehen. Hieraus leitet sich ein Identitätskonflikt ab, den die meisten Maori durchleben, da der Wechsel zum urbanen Leben enorm ist. Die so genannten „Stadt- Maori" haben zumeist keine Großeltern, welche sie über ihre Herkunft, Kultur und Glaube der Maori aufklären. Das einzige Wissen über sie selbst stammt von der vorwiegend weißen Stadtbevölkerung, die den Maori den Status einer lediglich geduldeten Minorität verleiht. Heute (2001) leben 84 % der Maori in urbanen und nur 16 % in ruralen Gebieten.

4.2. Wirtschaftliche und soziale Situation

Die Schwierigkeiten nach dem Zuzug der Maori in die Städte werden z.b. dokumentiert durch den hohen Anteil an ungelernten Berufen und die geringe Präsenz von Maori in hochqualifizierten, ökonomischen Führungspositionen. Hierfür sind mehrere Gründe anzuführen: Zum einen fielen besonders in den 80er Jahren die Jobs weg, welche vorwiegend aus Handarbeit und Schwerstarbeit in der Industrie bestanden. Zugezogene aber auch bereits an das städtische Leben adaptierte Maori arbeiteten zumeist im sekundären Sektor. Durch den Prozess der Automation aber auch einer Rezession der neuseeländischen Wirtschaft ging hier eine große Zahl von Arbeitsplätzen verloren. Die Arbeitslosenquote für Maori-Männer, die vorwiegend im sekundären Sektor tätig sind, zeigt im Zeitraum von 1986 bis 1991 fast eine Verdopplung arbeitsloser Maori von 12% auf 23,8% (Statistics NZ, Census of Population and Dwellings, 1996). Heute ist die ökonomische Lage der Maori aufgrund einer erholten Wirtschaft etwas entspannter, dennoch ist eine überdurchschnittlich hohe Arbeitslosenquote der Maori innerhalb der neuseeländischen Bevölkerung zu verzeichnen. Die Maori stellen fast ein Viertel der Arbeitslosen – 12,5% waren 2001 arbeitslos verglichen mit 5,6% der restlichen Bevölkerung. Das gravierendste Problem ist die beträchtliche Anzahl jugendlicher Arbeitsloser, denn fast die Hälfte der arbeitslosen Maori ist zwischen 15 – 19 Jahren und ein Fünftel zwischen 20 – 24 Jahren.

Aus der schlechten finanziellen und familiären Situation ergeben sich soziale Spannungen, denn die Maori verlieren ihr Selbstwertgefühl und ihre Identität. Viele junge Maori organisieren sich in Banden und werden kriminell. Das Problem der Kriminalität, welches gern von der weißen Bevölkerung Neuseelands auf die Maori projiziert wird, ist eigentlich eines der Gesamtbevölkerung. Denn zieht man zum Vergleich die Kriminalitätsrate der weißen Unterschicht heran, dann lassen sich keine ethnischen Unterschiede feststellen (Kreisel, 2004).

4.3. Te reo Maori - Sprache der Maori

Die Sprache der Maori wird von Sprachwissenschaftlern zur ostpolynesischen Untergruppe der ost-austronesischen (ozeanischen) Sprachen hinzugeordnet und wird heute in Neuseeland und auf den Cook-Inseln gesprochen. Nachdem die Maori Anfang der 70er Jahre ihre Proteste gegen die Politik der europäischen Bevölkerung Neuseelands verstärkten, erlebte auch der Gebrauch ihrer Sprache eine Renaissance. Die in den Städten lebenden Maori beispielsweise wuchsen bis dahin größtenteils einsprachig und westlich-kulturell auf und vergaßen damit allmählich ihre Abstammung. Vor ca. 30 Jahren begannen dann im Zuge der Streitigkeiten verschiedene Initiativen zur Bewahrung und Erneuerung der Sprache der Maori. Dazu zählen zum Beispiel, dass sich Kinder in den neuseeländischen Vorschulen (preschools) und in den unteren Klassen (primary und secondary schools) bereits mit der Sprache und Kultur der Maori auseinandersetzten.

Ein Meilenstein wurde 1987 mit der Gründung der Maori Language Commission (Te Taura Whiri i te Reo Maori), basierend auf dem Maori Language Act, gesetzt, um die Sprache der Maori zu fördern. Damit wurde Maori als zweite offizielle Amtssprache etabliert und sollte als lebende Sprache zu einem landesweit anerkannten und gewöhnlichen Medium der Kommunikation neben dem Englischen werden. Das Gesetz zur Maori Language Commission wurde als Antwort auf eine bevorstehende Publikation des Waitangi Tribunals entworfen. Dort wurde der Anspruch auf den Gebrauch von der Maori Sprache in Gerichten, im Bildungswesen und im Rundfunk geprüft. Obgleich die endgültige Empfehlung des Waitangi Tribunals in diesem Aspekt mehr forderte, wurde eine Reihe der Forderungen erfüllt und die Sprache der Maori als zweite Landessprache offiziell eingeführt und anerkannt.

Die Aufgabe der Maori Language Commission ist die Förderung, linguistische Weiterentwicklung (Neologismen aufgrund des technischen Fortschritts schaffen) und der Schutz der Maori Sprache mit dem Ziel, sie als die erste Sprache des Maori Volkes zu machen (Maori Language Commission; URL: http://www.tetaurawhiri.govt.nz). Die Kommission will mit ihrer Arbeit drei Hauptgruppen sensibilisieren: Zum einen natürlich die Bevölkerung der Maori und zum anderen die Regierung und die restliche Bevölkerung. Ein Austausch von Informationen findet auf internationaler Ebene mit anderen Minoritätsgruppen statt, um die Förderung der Sprache effizienter zu gestalten. Die größte Herausforderung besteht für die Kommission darin, die Maori in die Bewegung der Sprachrevitalisierung einzubinden. Denn sie sind der Schlüssel in den Bemühungen um eine erfolgreiche Regeneration der linguistischen Tradition. Hierzu werden Foren angeboten, in denen das Vorgehen der Kommission diskutiert werden kann ebenso wie orthographische Tagungen und Anfängerkurse für Lehrer in den Schulferien.

Die Kommission unterstützt ferner verschiedene Ministerien der Regierung, um Dienste für die Maori sprechende Bevölkerung auszuweiten. Dass die Anstrengungen nicht erfolglos sind, belegen z.B. Anzeigen in Tageszeitungen, welche oft bilingual abgedruckt werden. Im Jahre

2001 gab es schon 22 Radiosender in Maori und 2002 ging das erste Fernsehprogramm in der Sprache der Maori auf Sendung, die Tendenz ist steigend. Heute sprechen zwischen 50.000 und 100.000 Maori ihre Sprache fließend.

4.4. Auswahl gegenwärtiger Interessenorganisationen zum Schutze der Kultur und traditionellen Lebensweise der Maori

Lange Zeit tendierte die politische Mitbestimmung der Maori in ihrem eigenen Land gegen Null, denn der politische Einfluss beschränkte sich weitestgehend auf die seit 1867 garantierten vier Maori-Parlamentarier im Repräsentantenhaus welches im übrigen bereits seit 1854 besteht und im Mai 2004 sein 150-jähriges Bestehen feierte. Da das Parlament 120 Repräsentanten umfasst, waren die Garantiemandate der Maori eher symbolischer Natur.

Um ihrer Stimme mehr Gewicht zu verleihen, vereinigten sich 45 Stammesverbände (*iwi*) und gründeten im Juli 1990 den *Maori Congress* (*Te Whahakotahitanga o nga iwi o Aotearoa*) um sich einheitlich zu repräsentieren. Der Congress wird von zwei Präsidenten angeführt und jeder der 45 Stammesverbände entsendet fünf Delegierte. Die Ziele des Kongresses sind die Schaffung eines Gremiums für Repräsentanten der Stämme zum Zwecke der Klärung von politischen, ökonomischen, kulturellen und sozialen Streitfragen sowie die Verbesserung der allgemeinen Situation der Maori.

Die *Maori Women's Welfare League* (*Te Roopu Wahine Maori Toko I Te Ora*) ist eine ehrenamtliche, nationale Organisation, welche sich für das Wohlergehen von Maori Frauen und ihren Familien bemüht. Die *Welfare League* wurde 1951 ins Leben gerufen, hat in ganz Neuseeland ein Netzwerk mit 165 Zweigstellen aufgebaut und zählt ca. 3.000 Mitglieder. Das Ziel der *Welfare League* ist, aktive Hilfe für Frauen und Familien der Maori anzubieten und im Bereich der Gesundheit, im Bildungswesen, in der ökonomischen Entwicklung sowie im Haushalt Verbesserungen durchzusetzen.

Eine wichtige Maori-Bewegung zur Förderung der Interaktion zwischen verschiedenen Generationen ist die *Kohanga reo*. Dahinter verbirgt sich die Idee, Kinder im Vorschulalter (sowohl Maori als auch pakeha) im Rahmen einer großen gemischten Gruppe – welche sich an einer traditionellen Großfamilie der Maori (whanau) orientiert - die Bräuche, Werte und die Sprache der Maori von Älteren lernen zu lassen. Es gibt ca. 600 dieser „Sprachnester" verteilt in ganz Neuseeland, die ca. 12.000 Kindern die Sprache der Maori vermitteln. Seit der Gründung der Bewegung im Jahre 1982 absolvierten ca. 40.000 Kinder *te kohanga reo*.

Im Jahre 1991 wurde der *Ministry of Maori Development Act* verabschiedet, ein Gesetz, welches das *Te Puni Kokiri* (Ministry of Maori Development) ins Leben rief. Die Aufgaben des Ministeriums sind dispers verteilt und erstrecken sich auf fast alle Teilbereiche des Maori Lebens. Neben einer wichtigen Beraterrolle für die verschiedensten Institutionen werden z.b. Dienste angeboten, um die Maori schnellstmöglich an den Lebensstandard der weißen Bevölkerung heran zu bringen. Das Ministerium soll wesentlich dazu beitragen, dass sich die Entwicklung in den Bereichen Schulwesen, Ausbildung, ökonomische Lage und im Gesundheitswesen zugunsten der Maori beschleunigt. Dabei werden folgende Arbeitsinhalte umgesetzt, um die oben genannten Ziele zu erreichen (Te Puni Kokiri, Role and Functions; URL: http://www.tpk.govt.nz/about/role/default.asp; Zugriff am 19.06.2004):

- Unterstützung und Beratung der Regierung Neuseelands bei Entscheidungen, welche das Volk der Maori betreffen

- Direkte Interaktion mit den betroffenen Maori, um (gesellschaftliche) Probleme schneller und effektiver aufzudecken und zu beseitigen

- Überwachung und Prüfung von Programmen, die von Maori ins Leben gerufen wurden (Rundfunk usw.)

- Zusammenarbeit mit anderen Ministerien der Regierung, um für die Maori schneller bessere Ergebnisse hinsichtlich der Entwicklung des Gesellschaftssystems zu erzielen

Seit der Gründung des *Ministry of Maori Development* 1992 wuchs der Umfang der Tätigkeiten kontinuierlich an. Heute ist sein Arbeitsbereich auf viele Regierungsgeschäfte und Dienste der neuseeländischen Politik ausgedehnt. Die Vision des Ministeriums ist die „Schaffung eines permanenten Konzepts, in dem Maori ihre Bestrebungen und Ambitionen ungehindert und mit Hilfe der anderen Ethnien der neuseeländischen Gesellschaft (besonders den pakeha) verfolgen können" (Te Puni Kokiri, Vision and Purpose; URL: http://www.tpk.govt.nz/about/ vision/default.asp). Den Erfolg des Ministeriums kann man an der Verbesserung der allgemeinen Situation der Maori ablesen und es ist somit ein weiterer Schritt in die richtige Richtung.

5. Ausblick

Es ist einfach unmöglich, jedermann gerecht zu werden. Wenn aber der überwiegende Teil frustriert ist, muss gehandelt werden. Jede Unzufriedenheit hat seine Wurzel und im Fall der

Maori ist sie über 200 Jahre alt und weiß. Die Europäer nutzten die Maori schamlos aus und dezimierten ihr Volk durch Krankheiten und Krieg. Die Ungerechtigkeit, die dem autochthonen Volk Neuseelands widerfuhr, kann von den Maori nicht vergessen werden, auch wenn es die Europäer gerne so hätten. Es dauerte mehr als ein halbes Jahrhundert, bis sich ihr Widerstand soweit vergrößerte, dass sie sich mithilfe des Waitangi Tribunals genügend Gehör verschafften, um gesellschaftliche Veränderungen herbei zu führen. All die Benachteiligungen lassen sich nicht innerhalb von einer Generation wegwischen.

Dennoch ist es möglich, eine Annäherung zu erreichen. Verschiedene Projekte und Institutionen fördern immer stärker die Identität der Maori und steigern somit ihr Selbstwertgefühl. Die Sprache der Maori ist offizielle Amtssprache und durch Projekte wie z.b. die „Sprachnester" *Kohanga reo* werden die Werte und Traditionen der Maori auch in urbanen Regionen vermittelt. Die hohe Geburtenrate lässt darauf schließen, dass den Maori in Zukunft hinsichtlich ihrer Bedürfnisse mehr Gehör geschenkt werden muss.

Trotz aller Differenzen und ethnischer Diversität herrscht in Neuseeland ein vergleichsweise friedliches Klima. Im November 1995 entschuldigte sich die britische Krone indirekt für den Landraub im 19. Jahrhundert und sicherte gleichzeitig die Zahlung von umgerechnet rund 80 Millionen Euro zu. Im Dezember 1996 traten drei Maori-Minister in das Kabinett des Premierministers Jim Bolger ein. Nach der neuen neuseeländischen Verfassung ist die Regierung dazu verpflichtet, dafür zu sorgen, dass alle ethnischen Gruppierungen entsprechend ihres Bevölkerungsanteils im Kabinett vertreten sind. Die Freigabe eines 150 Jahre lang verbotenen Buches von Felice Vaggioli im Jahr 2000 ist ein Zeichen dafür, dass sich der kulturelle Konflikt in Neuseeland zunehmend entspannt. Der italienische Autor beschreibt in dem Missionsbericht die grausame Unterdrückung der Maori durch die Kolonisten.

Durch die Einsicht der weißen Bevölkerung und die Amnestie durch die Maori könnte in Zukunft eine friedvolle interethnische Gesellschaft in Neuseeland etabliert werden, in die auch die anderen Gruppen mit einbezogen werden. Eventuell wird die Wurzel der Unzufriedenheit mit der Zeit als ein Zeichen der gemeinsamen Basis begriffen, auf welcher die gesamte Gesellschaft fußt.

6. Quellenverzeichnis

Literatur

- Bateman, D. (Hrsg.) (2002); New Zealand official yearbook 2002; Bateman Ltd.; Auckland
- Brockhaus Lexikon (2002), Bibliographisches Institut & F.A. Brockhaus AG
- Gover, K. and Baird, N. (2002); "Identifying the Maori Treaty Partner. in: *University of Toronto Law Journal* 52, Nummer 1, S. 39-68
- O'Malley, V., Gilling, B. (2000); Der Vertrag von Waitangi in der neuseeländischen Geschichte. In: Meredith, P., Jäksch, H. (Hrsg.) et al, (2000); Maori und Gesellschaft; Mana-Verlag, Berlin
- Kingbury, B. (2002); "Competing Conceptual Approaches to Indigenous Group Issues in New Zealand. In: *University of Toronto Law Journal* 52, Nummer 1, S. 101-134
- Kreisel, B. (1992); 150 Jahre nach Waitangi – Die Maori in Neuseeland In: Pazifik-Forum, Band 3, S. 189 – 211
- Kreisel, W. (2004), Die pazifische Inselwelt – Eine Länderkunde, 2. Auflage, Gebr. Borntraeger, Stuttgart
- Microsoft Encarta Encyclopaedia (2004)
- Mikaere, B. (1998); Te Maiharoa and the promised land; Reed; Auckland
- Oliver, W. H. (1981); The Oxford History of New Zealand; Oxford University Press, Wellington
- Robinson, G. (1992); Akkulturationsprozesse in ihrer Auswirkung auf die Identität der Maori, Münster
- Wiremu, J, et al.; Mana Magazine (2004); The Maori news magazine; Gordon & Gotch; Rororua

Internetrecherche

- Der Vertrag von Waitangi - Informationsseite der Regierung Neuseelands URL: http://www.treatyofwaitangi.govt.nz (Zugriff am 11.06.2004)
- Te Puni Kokiri - Neuseeländisches Ministerium für Maori Entwicklung URL: http://www.tpk.govt.nz (Zugriff am 11.06.2004)

- Statistisches Büro Neuseelands – Zensus für demographische Information (Maori) URL: www.statistics.govt.nz (Zugriff am 10.06.2004)
- Victoria University of Wellington – Indigenous poeples and the law URL: www.kennett.co.nz/law/indigenous/index.html (Zugriff am 08.06.2004)
- Kingsbury, B.; Competing conceptual approches to indigenous group issues in New Zealand law; veröffentlicht in: University of Toronto Law Journal - Ausgabe LII, Nummer 1, 2002; URL: http://www.utpjournals.com/product/utlj/521/521_kingsbury.html (Zugriff am 10.06.2004)
- Neuseeländisches Parlament URL: http://www.parliament.govt.nz (Zugriff am 01.07.2004)
- Florida International University: Dill, Heather; What is Ta Moko: Past, Present, and Future; URL: http://www.fiu.edu (Zugriff am 15.06.2004)
- Gesellschaft für bedrohte Völker, Göttingen, URL: http://www.gfbv.de (Zugriff am 14.05.2004)
- Homepage des Waitangi Tribunals URL: http://www.waitangi-tribunal.govt.nz (Zugriff am 25.05.2004)
- Smyser, A. (1997); Honolulu Star-Bulletin, Hawaii, "The Maori Way" (New Zealand Special), Ausgabe 5. April 1997 URL: http://starbulletin.com/specials/nz.html (Zugriff am 11.06.2004)
- Bildungsministerium Neuseelands URL: http://www.minedu.govt.nz (Zugriff am 01.07.2004)
- Neuseelands Geschichte im Internet, URL: http://www.nzhistory.net.nz/Gallery/treaty/protest71.htm (Zugriff am 30.06.2004)
- New Zealand Archaeological Association, Dunedin North, URL: http://www.nzarchaeology.org (Zugriff am 15.06.2004)
- The Office of Treaty Settlements (OTS) URL: http://www.ots.govt.nz (Zugriff am 03.06.2004)
- Maori Language Commission URL: http://www.tetaurawhiri.govt.nz (Zugriff am 04.07.2004)
- Te Kohanga Reo Website URL: http://www.kohanga.ac.nz/index.htm (Zugriff am 01.08.2004)